AVENTURES DE CHASSE

PAR

ADRIEN LINDEN

PARIS

LIBRAIRIE CH. DELAGRAVE

15, RUE SOUFFLOT, 15

AVENTURES DE CHASSE

Coulommiers. — Imp. P. BRODARD et GALLOIS

LECTURES DU JEUDI

AVENTURES DE CHASSE

PAR

ADRIEN LINDEN

DEUXIÈME ÉDITION

PARIS

LIBRAIRIE CH. DELAGRAVE

15, RUE SOUFFLOT, 15

1886

AVENTURES DE CHASSE

LION.

La joie était vive au logis.

L'oncle Robert, après huit années de pérégrinations à travers les régions les moins explorées du globe, était de retour.

Il avait rapporté de ses voyages toute une cargaison d'objets curieux qu'il s'empressa de distribuer à sa sœur, à son beau-frère et aux enfants de ces derniers. Il avait également rapporté une collection d'insectes de tous pays, ainsi que des peaux de bêtes sauvages, car, entomologiste zélé et chasseur intrépide, l'oncle Robert voyageait autant par amour de la science que pour satisfaire son besoin d'activité.

Après le dîner, les enfants, dont la curiosité était vive, adressèrent à leur oncle questions sur questions et le prièrent de leur raconter ses aventures de voyage.

Celui-ci leur dit :

— Vous désirez connaître mes aventures ; cela se trouve bien, car, en ma qualité de voyageur, j'aime à raconter. Seulement il faut procéder avec méthode, ou mon récit n'en finirait plus : de quoi voulez-vous que je vous entretienne? des mœurs des peuples que j'ai visités? des sites pittoresques que j'ai explorés? des plantes dont j'ai rempli mon herbier? des animaux sauvages que j'ai chassés? des...

— Des animaux sauvages, interrompirent les petits garçons.

— Va pour les animaux sauvages. C'est un sujet qui intéresse tout le monde; je commence :

Depuis que je sais manier une arme et que je m'occupe de zoologie, j'ai toujours chassé les petites et les grosses bêtes.

En France, je me suis borné, faute de mieux, au lièvre, à la perdrix et au chevreuil.

La chasse au chevreuil m'a laissé quelques remords. Le chevreuil est un animal doux et familier, qui ne demande qu'à vivre dans la société de l'homme, et que l'homme repousse pour se ménager le triste plaisir de le poursuivre au son du cor.

CHEVREUIL.

— Le chevreuil est une espèce de cerf, n'est-il pas vrai, mon oncle? dit un des jeunes auditeurs.

— Oui, mon ami. Le chevreuil, de même que le daim, l'élan et le renne, appartient au genre cerf. Tous ces animaux au pied léger font partie de l'ordre des ruminants. Ils se distinguent des autres ruminants par la nature de leurs cornes, appelées *bois*. Ces cornes, qui sont osseuses et ramifiées, tombent et repoussent tous les ans, ni plus ni moins que des branches d'arbre. C'est ordinairement au printemps que s'opère ce changement de bois. Les femelles en sont généralement dépourvues.

Les individus qui composent ce genre d'animaux ont le corps svelte, les jambes fines et nerveuses, et sont très légers à la course. Ils sont tout à fait inoffensifs et habitent les forêts.

Je vais vous citer les principaux représentants de ce groupe.

Le Cerf.

Le *cerf* est l'hôte le plus remarquable des forêts tempérées. Il a des formes élégantes et

CERF.

l'œil d'une grande beauté. La tête du mâle est ornée de cornes, qui, à chaque saison nouvelle, s'augmentent d'une ramification de plus, jusqu'à la parfaite croissance de l'animal.

La femelle, appelée *biche*, est dépourvue de bois. Elle est d'un naturel extrêmement timide et fuit à la moindre apparence de danger. Cependant, lorsqu'elle a des petits, elle montre du courage et de l'intelligence. En cette occasion, elle ne craint pas de s'exposer aux coups des chasseurs. Elle se présente devant les chiens, se fait poursuivre durant des heures entières et, quand elle a dépisté la meute, revient auprès de ses faons qu'elle a préservés au péril de sa vie.

Le Daim.

Le *daim* est l'animal qui se rapproche le plus du cerf par sa conformation et ses habitudes. Cependant ces deux espèces ne se mêlent pas et paraissent au contraire se fuir.

Les daims se trouvent dans des contrées tempérées, ils habitent les bois, et se nourrissent d'herbage et de feuillage. Cet animal devient de jour en jour plus rare dans nos forêts; sa race finira par disparaître, et c'est la curiosité qui causera sa perte. Le

Daim.

daim fuit bien lorsqu'il est poursuivi, mais, au lieu de continuer sa course, il revient sur ses pas ou s'arrête pour regarder son ennemi à distance. La pauvre bête ne sait pas que l'homme a des armes qui tuent de

LOUPS ASSIÉGEANT LA CABANE D'UN DAIM.

loin. Elle tombe victime de son ignorance.

Le daim s'élève facilement en domesticité. J'en avais un dans mon parc, mais les loups ont découvert sa cabane et ont dévoré la pauvre bête.

Le Chevreuil.

Le *chevreuil* est moins grand que le cerf, mais il est plus léger de formes, plus vif et plus gracieux dans ses allures.

La robe du chevreuil est toujours d'une extrême propreté. Il se garde de toute souillure et ne fait pas comme le cerf qui aime à se rouler dans les bourbiers. On trouve ce joli animal dans toutes les contrées tempérées. Comme sa chair est excellente à manger, on lui fait une guerre à outrance, et les hommes, encore plus que les loups et autres carnassiers, se montrent acharnés à sa poursuite.

Le Renne.

Le *renne* est une espèce de cerf très vigou-
reux qui habite les régions les plus froides de

RENNE.

l'Europe. D'un naturel pacifique, il se sou-
met aisément à la domesticité et s'élève
comme nous élevons nos bestiaux.

Le renne est au Lapon ce que le chameau
est à l'Arabe. Il ne serait pas plus possible au

premier de franchir les plaines de neige sans le secours du renne qu'au second de traverser les déserts de sable sans l'assistance du chameau.

Le renne est même plus précieux au Lapon q e le chameau l'est à l'Arabe, car ce dernier a d'autres animaux domestiques à son service, tandis que le malheureux Lapon n'a que le renne pour unique richesse. Il se nourrit de son lait, de sa chair et s'habille de sa peau. Cet animal lui tient lieu de cheval, de vache et de mouton. Pendant l'hiver, le renne remplace le cheval. Son maître l'attelle à des traîneaux et, grâce à cet auxiliaire, il peut voyager sur la neige durcie et franchir de grandes distances avec rapidité.

Le renne domestique obéit à la parole et, à moins d'être maltraité, ne refuse jamais ses services. Il est aussi docile que le bœuf de nos étables.

Les rennes vivent par bandes. Durant l'hiver, lorsque la neige couvre le sol, ils savent trouver une espèce de mousse dont ils sont très friands et qu'ils vont chercher en grattant la neige avec leurs sabots. Ils se nourrissent aussi de lichens qui poussent sur les troncs des pins.

Les rennes portent sur la tête des cornes ramifiées très volumineuses. La femelle en porte comme le mâle. C'est la seule femelle de la famille des cerfs qui soit munie de cet ornement.

On trouve des rennes dans les contrées les plus septentrionales des deux continents et dans le Groenland.

Les Lapons et quelques peuplades du nord de l'Asie chassent le renne sauvage à l'aide du renne domestique. Les Esquimaux ne le chassent que pour s'emparer de ses dépouilles; ils ne savent pas l'élever et s'en faire une bête de somme. Ces Esquimaux n'ont que le chien pour unique animal domestique.

L'Élan.

Ce quadrupède est haut sur jambes, il dépasse quelquefois la taille du cheval. Sa tête est longue; son cou, très court et rentré dans les épaules, le fait paraître bossu. Le mâle porte des cornes ramifiées dont les extrémités, en forme de pelles, sont plus larges que des assiettes.

Ces bois pèsent jusqu'à 20 kilogrammes.

Les hautes jambes de cet animal et l'exiguïté de son cou l'obligent à brouter l'extrémité des branches. Il ne peut que difficilement paître sur le sol uni.

Comme le renne, l'élan habite les contrées septentrionales. Les Indiens de la baie d'Hudson réduisent les femelles d'élan en captivité parce qu'elles donnent plus de lait qu'aucune autre bête de somme et parce que nulle vache ne pourrait vivre sous cet âpre climat.

Les élans, lorsqu'ils sont attaqués, se défendent avec leurs larges bois et plus utilement avec leurs pieds de devant. Ils se servent de ces pieds avec tant de vigueur que souvent ils tuent du premier coup le loup ou le chien qui les poursuivent.

La chair de l'élan se mange : elle est loin de valoir celle du renne et du chevreuil.

Je n'ai jamais chassé d'élan ni de renne, mais j'ai frappé maints cerfs et maints chevreuils.

Je vous avoue que ces conquêtes faciles me faisaient rougir de moi-même : attaquer des animaux qui n'ont aucun moyen de défense , me paraissait lâche et cruel , et je n'éprouvais qu'une médiocre satisfaction à détruire des êtres inoffensifs. Quelquefois, pourtant, je rencontrai des adversaires moins pacifiques, et mon plomb frappait le renard, ce croqueur de volailles, ou .le sanglier, ce ravageur de champs cultivés.

Le Renard.

Le *renard*, le loup et le chacal appartiennent au genre chien dont ils forment un sous-genre.

Si ces quatre espèces d'animaux se ressemblent par la forme et la similitude des goûts, ils diffèrent singulièrement par le caractère. Loup, renard et chacal sont de véritables animaux sauvages qui se montrent rebelles à l'éducation. Dans leur jeunesse on parvient à les apprivoiser, mais en vieillissant ils reprennent leur naturel farouche; en aucun temps,

La chasse au renard.

ils ne se montrent attachés à leur maître.

Le renard est le plus rusé et le plus adroit des carnassiers. On le trouve dans les contrées tempérées et dans les régions du Nord. Il vit dans les forêts et le moins loin possible des fermes dont il médite le pillage. Il se creuse des terriers dans les fourrés les plus épais et sait en dissimuler l'entrée. C'est un voleur nocturne; il ne procède à ses expéditions que pendant les nuits les plus obscures. Quand il pénètre dans une basse-cour, il se glisse comme une couleuvre, avance avec circonspection et égorge tous les hôtes du lieu sans les faire crier. Contrairement aux habitudes de la plupart des carnassiers qui se repaissent aussitôt de la proie qu'ils viennent de saisir, le renard ne dévore ses victimes que loin du théâtre de ses exploits; il les emporte les unes après les autres et va les cacher aux abords de ses terriers, dans des endroits différents. Comme vous le voyez, le renard est un animal prévoyant; il sait que la pâture du lendemain n'est pas toujours assurée et il prend ses précautions.

Le voisinage de cet animal est une véritable calamité pour le fermier dont il ravage les poulaillers. Il détruit aussi beaucoup de lapereaux, de couvées de perdrix; aussi les chasseurs détruisent-ils le renard avec acharnement. Cette chasse se fait au bois avec l'aide de chiens courants.

Quand on a la chance de découvrir le gîte où se cache le maraudeur, on l'enfume dans son terrier pour l'obliger à quitter la place, et, dès qu'il paraît, on l'assomme sans pitié.

Le Sanglier.

Les *sangliers* habitent l'intérieur des forêts dans presque toutes les régions tempérées de l'Europe et de l'Asie. Ces animaux vivent, non pas en bandes, mais en famille. Les petits ne quittent pas leurs mères pendant les trois premières années. Lorsqu'ils ont atteint toute leur croissance, les mâles se retirent dans les fourrés les plus épineux et vivent solitairement.

Les sangliers ont la mâchoire garnie de courtes et solides défenses, qui leur servent à fouiller la terre pour y chercher des racines et pour combattre leurs ennemis.

En face du sanglier, je n'avais plus honte de mon métier de chasseur, car cet animal, armé pour la défense, charge ses adversaires avec impétuosité et les éventre de ses crocs aigus, s'ils ne sont point assez habiles pour l'éviter. Mais ces occasions sont assez rares et le chasseur français n'a guère à s'escrimer que contre du menu gibier.

Dédaignant ces puérils combats, je partis pour l'Afrique et me trouvai bientôt en présence d'animaux non seulement très capables de se défendre, mais encore en situation de faire reculer l'homme le plus intrépide.

Le Lion.

Vous connaissez tous de réputation le *lion de l'Atlas*, le tyran du désert et la terreur des tribus arabes. Le lion, mes enfants, voilà un ennemi qu'il est glorieux de combattre. C'est un ennemi qui ne fait point de quartier : avec lui il faut vaincre ou mourir. Le chasseur qui l'attaque mérite des éloges ; il n'expose pas sa vie pour une vaine satisfaction d'amour-propre, mais bien pour délivrer le pays d'un oppresseur dont l'appétit cause de grands ravages dans le bétail et parmi les hommes.

Qu'il est beau de voir cet animal, lorsque, excité par la colère, il hérisse son épaisse crinière, bat le sable de sa queue vigoureuse et fait retentir le désert de ses effroyables rugissements. Quand il évente l'approche d'un ennemi, le lion lève sa tête énorme et aspire l'air de ses larges narines. Dès qu'il l'aperçoit, il se couche aussitôt, rampe quelques pas sur le sable, mesure la distance, et, d'un bond prodigieux, s'élance sur le téméraire. Nul ne peut résister à l'impétuosité de son élan, nul ne peut s'arracher à ses puissantes étreintes : en moins d'une minute, il déchire sa victime à l'aide de ses griffes formidables et de ses dents acérées.

Le lion ne se nourrit que de proies vivantes. Lorsque la faim le presse, il se jette indistinctement sur tous les quadrupèdes qu'il rencontre et qu'il n'a presque jamais besoin

Lion et Lionne.

de combattre. Lorsqu'il peut choisir sa nourriture, il donne la préférence aux gazelles, aux zèbres, aux girafes, etc. Il porte un veau entre ses dents de même qu'un chat porte une souris.

Le lion, pris jeune, s'apprivoise assez facilement. Il n'est pas rare de voir en Afrique, chez de riches particuliers, des lions apprivoisés, qui obéissent à leur maître avec la docilité d'un chien.

On cite à ce propos une aventure, qui doit donner à réfléchir à ceux qui recherchent l'intimité des lions.

Un particulier gardait dans sa chambre un lion qu'il avait eu tout petit et qu'il avait élevé. Ce lion était devenu très fort et se montrait fort attaché à son maître. Par malheur, le domestique chargé de soigner l'animal abusait de sa douceur et le maltraitait

Lions apprivoisés

souvent sans raison. Le lion supporta cet injuste traitement pendant plus d'une année : à la fin, sa patience se lassa.

Une nuit, son maître fut réveillé par un bruit étrange. S'étant levé, il se dirigea sans bruit vers la chambre de son domestique. Quelle ne fut pas son épouvante, lorsqu'il vit son lion jouer avec une tête humaine qu'il faisait rouler dans la chambre, comme les chats font rouler les boules de papier! Le maître, ayant reconnu la tête de son domestique, se précipita bien vite dans la pièce voisine et poussa les verrous. Comme bien vous le pensez, il se débarrassa, aussitôt qu'il put, de son dangereux pensionnaire dont les instincts féroces venaient de se réveiller d'une si horrible manière.

Le lion ne possède ni l'odorat subtil, ni la vue perçante qui caractérise certains animaux. Il n'a pas non plus cette soif de sang persis-

tante qu'on remarque chez plusieurs individus de sa famille. Quand il est repu, il cesse
de détruire.

Le lion passe la plus grande partie du jour
retiré dans les broussailles ou dans quelque
caverne rocheuse. Il ne sort qu'après le cou-
cher du soleil.

La *lionne* n'a pas de crinière, elle est plus
petite d'un quart et beaucoup moins forte
que le mâle; mais, quand elle a des petits,
elle se montre aussi redoutable que lui. Son
agilité est remarquable, elle ne touche le sol
que de l'extrémité de ses doigts. Elle saute,
bondit, s'élance comme le lion et, comme
lui, franchit des espaces de quatre ou cinq
mètres. Malheur à qui lui enlève ses nour-
rissons! Elle poursuit le téméraire avec un
acharnement sans pareil et ne se rebute ni
devant les obstacles, ni devant les dangers.

Le lion habite presque tout le continent africain, principalement la partie méridionale. C'est dans les vastes solitudes du désert qu'il fait entendre ses rugissements formidables. C'est là qu'il jouit de toute l'étendue de sa force et de sa puissance. Dans nos ménageries, on ne peut se faire une idée de la vigueur de ce roi déchu, et il ne nous inspire que peu d'intérêt. Il en serait autrement, s'il nous était donné de le voir bondir sur le sable brûlant du désert et si nous pouvions le surprendre dans un moment de colère, alors qu'il bat le sol avec sa queue, qu'il agite sa crinière, fait mouvoir la peau de sa face et découvre ses dents menaçantes.

Le lion ne se rencontre qu'en Afrique de même que le tigre ne se trouve qu'en Asie; mais les autres individus de la race féline habitent presque tous les pays chauds.

Le Tigre.

Dans la famille des grands carnassiers, le
tigre occupe le second rang. Il est presque
aussi fort que le lion : il le surpasse en agilité et surtout en férocité. Dans les contrées
qu'il habite, le tigre règne en tyran, et il au-
rait bientôt mis à mort tous les quadrupèdes,
grands et petits, si l'homme ne l'arrêtait pas
dans son œuvre de destruction. Le tigre est
le plus féroce des animaux, ou plutôt le plus
altéré. Sa soif est inextinguible. Il se repaît
du sang de ses victimes plus que de leur chair ;
c'est pourquoi il est si avide de carnage. Il
ne craint aucun ennemi. Il brave l'homme
et ses armes. Il égorge et dévaste les troupeaux domestiques, met à mort tous les animaux sauvages qui se présentent à ses yeux.
Il égorge sans cesse, abandonne la proie qu'il

vient de déchirer pour s'élancer sur une autre. Sa fureur n'a pas de trêve et, si la fatigue l'oblige à suspendre ses coups, ce n'est que pour réparer ses forces et se préparer à de nouveaux massacres. C'est ordinairement sur le bord des rivières où vont se désaltérer les autres animaux qu'il établit son observatoire. De là il s'élance sur sa proie en poussant, comme le lion, des rugissements affreux.

Plus encore que le lion, la femelle du tigre se montre terrible quand on lui dérobe ses petits : on a vu des tigresses se jeter à la mer pour essayer d'atteindre les ravisseurs qui s'éloignaient sur des chaloupes.

Ce terrible carnassier vit dans les jungles de l'Inde. Pour le chasser, on se réunit en grand nombre et l'on dirige sur lui de vérita-bles feux de peloton; mais comme, dans ces battues, il y a toujours plusieurs victimes, les

TIGRESSE POURSUIVANT UNE LOUVE.

Indiens préfèrent lui tendre des pièges et le faire tomber dans des fosses profondes, où l'on peut le mettre à mort sans courir aucun risque.

Dans les chasses organisées, il n'est pas rare de voir des cavaliers enlevés de leurs montures et emportés au loin par ce redoutable carnassier.

— C'est alors le gibier qui chasse le chasseur, fit observer un des petits garçons.

— Tu dis vrai, mon neveu. Dans bien des circonstances le chasseur est victime de sa témérité. Il peut être déchiré par un animal carnassier ; mais aucun d'eux, excepté le tigre, n'a l'audace de l'enlever vivant.

Le Léopard.

On trouve le *léopard* en Afrique, principalement au Sénégal. Il habite aussi quelques contrées de la Chine et les montagnes du Cau-

LÉOPARD ATTAQUANT DES SINGES.

cace depuis la Perse jusqu'à l'Inde. Il se plaît dans les forêts les plus impénétrables et fréquente le bord des rivières pour y surprendre les animaux qui vont s'y désaltérer. Le léopard a l'œil inquiet, le regard effrayant, les mouvements saccadés; il attaque indistinctement tous les animaux et n'épargne pas l'homme. Lorsqu'il ne trouve pas de quoi assouvir sa faim dans les bois, il quitte sa retraite, descend par bandes vers les habitations et commet les plus horribles dévastations parmi les troupeaux.

Il existe une variété de léopards dans l'Inde que l'on apprivoise tant bien que mal et que l'on dresse pour la chasse. Les Indiens, qui possèdent des léopards chasseurs, les conduisent encapuchonnés jusqu'au milieu des plaines. Lorsqu'ils aperçoivent un troupeau d'antilopes, ils découvrent la tête du léopard et lui rendent la liberté. Celui-ci, dès qu'il voit le gibier, s'élance sur lui avec la rapidité de la flèche et l'étrangle. On le laisse s'abreuver du sang de sa victime ; mais on le recoiffe du capuchon dès qu'il attaque les chairs.

La Panthère.

La *panthère* est moins haute sur pieds que le léopard ; son pelage la fait souvent confondre avec ce dernier, dont elle a d'ailleurs les instincts et la férocité. De tous les animaux carnivores la panthère est le plus indomptable. Ni la rigueur ni les bons traitements ne peuvent vaincre sa sauvagerie. En captivité, elle pousse des rugissements presque continuels, regarde les spectateurs d'un œil farouche et semble toujours prête à s'élancer sur eux.

La *panthère noire de Java*, beaucoup

plus petite que la précédente, est remarquable par la belle couleur noire de sa fourrure et par la souplesse de ses mouvements.

La panthère, l'once et le léopard habitent le continent africain et les parties méridionales de l'Asie. Tous les trois ont la faculté de grimper sur les arbres, — le tigre et le lion ne l'ont pas, — et c'est ordinairement cachés sous le feuillage qu'ils guettent leur proie au passage et qu'ils s'élancent sur elle.

L'Once.

L'*once*, dont je viens de vous parler, se trouve en grand nombre dans le nord de l'Afrique et dans les contrées chaudes de l'Asie. Cet animal s'apprivoise aisément et comme le léopard chasseur, dont il est une des variétés, se dresse pour la chasse.

Il existe en Perse une espèce d'once qui

ne dépasse guère la taille d'un gros chat et que l'on emploie utilement à la place de chien. Vous savez que dans cette partie du monde les chiens sont fort rares ; ceux qu'on y transporte perdent bien vite leur précieux instinct, leur caractère et jusqu'à leur voix. Les onces de petite taille sont donc employés aux mêmes usages que les chiens ; seulement, comme ils n'ont pas le flair merveilleux de ces derniers, ils ne guettent pas le gibier devant les chasseurs. Ils procèdent de la même manière que les léopards de l'Inde.

Le Jaguar.

Le *jaguar*, aussi appelé tigre ou léopard du Nouveau-Monde, habite le Mexique, la Guyane, le pays de l'Amazone et principalement le Brésil qui paraît son pays natal. Il est plus gros que le loup et possède tous les instincts

destructeurs qui caractérisent la race féline :
il est cruel, s'abreuve de sang et s'amuse à
déchirer sa victime. S'il possède la rage sanguinaire du tigre, il est loin d'en avoir le courage. Il recule devant les animaux pouvant
se défendre.

Le Couguar.

Le *couguar* est l'animal le plus redouté
des Américains du Sud. Le couguar ou tigre
rouge est plus long et plus léger que le jaguar. Il a une petite tête, de hautes jambes
et une longue queue. Cet animal, grâce à la
légèreté de son corps et à la longueur de ses
jambes, court plus vite et grimpe plus facilement sur les arbres que les autres individus
de sa race. Il est assez lâche et ne semble pas
avoir la soif ardente de ses congénères
d'Afrique et d'Asie. Il n'attaque l'homme
que pressé par la faim et fuit devant le danger.

JEUNES OCELOTS.

L'Ocelot.

L'*ocelot* habite l'Amérique méridionale et ressemble beaucoup au chat. Il vit dans les forêts et se cache dans le feuillage des arbres, d'où il s'élance sur les animaux qui s'approchent de lui. Quelquefois, il demeure étendu sur une maîtresse branche et contrefait le mort jusqu'à ce qu'un singe, poussé par la curiosité, vienne le regarder de près ; alors il se jette sur l'imprudent et le déchire.

Le Lynx.

Le *lynx* porte de longues et étroites oreilles, ornées à leur extrémité d'un pinceau de longs poils noirs. Cette particularité le distingue des autres individus de sa famille. Il est d'ailleurs moins haut sur jambes qu'aucun d'eux, et son corps est couvert de longs poils soyeux qu'on ne trouve pas chez ses autres parents.

Le lynx habite les contrées septentrionales

LYNX.

de l'ancien et du nouveau continent. Les plus forts et les plus beaux vivent en Tartarie, non loin du lac Balkash.

3.

Lorsqu'il chasse, le lynx se met en embuscade sur les arbres et attend avec patience le passage d'une victime. Quand un lièvre, un renard ou même un faon de daim se présente, il s'élance sur lui, le saisit à la gorge, se cramponne avec ses griffes aiguës, lui brise la première vertèbre du cou, lui fait un trou près du crâne et lui suce la cervelle.

Vous le voyez, si le lynx n'a pas l'aspect extérieur du tigre, il en a toute la férocité. Son œil perçant qui lui fait découvrir sa proie au loin, a donné lieu à des croyances populaires dont l'absurdité n'a pas besoin d'être démontrée.

Le lynx, quoique de formes assez épaisses, est plein de grâce et de légèreté. Son regard, lorsqu'il n'est point irrité, est doux, brillant, câlin même; d'après l'expression de ses yeux, jamais on ne pourrait lui supposer des instincts aussi cruels.

Les lynx sont communs dans les forêts du Caucase. Leur fourrure est très recherchée ; celles qui proviennent des lynx de Sibérie sont appelées fourrures de *loups-cerviers;* celles des lynx du Canada sont connues sous le nom de peaux de *chats-cerviers*.

Mais revenons au lion, le roi du désert.

Comme bien vous le pensez, chers amis, on ne chasse pas le lion comme on chasse le lièvre. Lorsque dans un douar on a signalé la présence d'un lion, on se réunit en grand nombre. Les Arabes, armés jusqu'aux dents et montés sur leurs chevaux agiles, battent la campagne et font feu tous ensemble quand ils rencontrent leur terrible voisin. Il est bien rare que ces expéditions se terminent sans accident. Presque toujours, avant de succomber, le lion fait une ou plusieurs victimes.

On chasse aussi le lion d'une manière moins périlleuse, soit en le faisant tomber dans des pièges, soit en s'embusquant le soir, à l'heure où commencent ses promenades. A cet effet, on attache une chèvre à quelque buisson, et, lorsque l'animal carnassier s'en approche pour la dévorer, le chasseur, en sûreté sur un arbre, lui loge une balle dans la tête : les yeux du lion, brillant dans l'ombre comme ceux du chat, servent de point de mire au tireur.

Une chasse beaucoup moins dangereuse, mais qui n'est cependant pas exempte de tout péril, est celle du gnou.

— Mais le gnou n'est pas un animal carnassier ? fit observer l'aîné des jeunes gens.

— Tu dis vrai, mon neveu. Le gnou est un ruminant ; mais on ne chasse pas que les

CHASSE AU LION DE L'ATLAS.

carnassiers, tu le sais bien. On chasse surtout les animaux dont la chair est bonne à manger ou dont les dépouilles sont utilisables.

Le gnou appartient au genre antilope, qui compte de nombreuses variétés. Les antilopes semblent tenir le milieu entre les cerfs et les chèvres. Ce sont des quadrupèdes aux fines jambes, qui n'ont d'autre moyen de défense que la rapidité de leur course.

C'est en Afrique que se trouvent le plus grand nombre d'antilopes. La plus remarquable de l'espèce est la gazelle.

La Gazelle.

La *gazelle* est le plus joli et le plus gracieux des ruminants. L'élégance de ses formes, la délicatesse de ses membres, la souplesse de ses mouvements et plus encore l'expression de ses grands yeux et la douceur de son caractère en font une des plus charmantes créatures du règne animal. Aussi les Arabes, dans leur poésie imagée, ne manquent-ils pas

GAZELLE.

de faire intervenir la gazelle, quand ils chantent la grâce, la douceur et la beauté.

— Il y a des antilopes ailleurs qu'en Afrique, n'est-il pas vrai, mon oncle?

— Certainement. Le chamois, le nilgaut, le chevrotain sont des antilopes, et ils habitent des contrées fort différentes.

Le Chamois.

Le *chamois* est la seule antilope d'Europe. Cet animal vit sur les hautes montagnes des Alpes et du Tyrol. Il saute avec beaucoup d'agilité, franchit des espaces considérables et se tient debout sur des pics qui ont à peine la largeur de la main. Rien n'est plus curieux que de les voir bondir de rochers en rochers. On croirait vraiment qu'ils ont des ailes.

La chasse de cet animal est très périlleuse, car on ne peut l'atteindre qu'en escaladant des roches escarpées et en contournant des abîmes; aussi n'est-ce pas sans raison que les chasseurs de chamois sont regardés comme les plus vaillants disciples de saint Hubert.

Le Nilgaut.

Le *nilgaut* est une antilope de grosse espèce; sa taille dépasse celle d'un cheval arabe. Le nilgaut, sans être farouche, est rebelle à la domestication. On en élève cependant dans des parcs, mais ils refusent tout service. Cet animal habite les contrées du centre de l'Asie.

Ces animaux, quand ils se battent entre eux, ont une singulière façon de se mettre en garde. Etant encore fort éloignés l'un de l'autre, les adversaires se jettent à genoux; dans cette position, ils s'approchent, par une torsion des reins, d'une manière assez rapide jusqu'à la distance voulue. Arrivés là, ils s'élancent avec une grande impétuosité et se frappent à coups de cornes et de tête.

Toute la force de l'animal réside dans sa

tête et dans les attaches musculaires de son cou. Son premier choc est très violent. Il frappe avec tant de vigueur que souvent il se brise les cornes.

Le nilgaut est regardé comme un gibier royal et n'est chassé que par les personnes de haute distinction. On dit que sa chair est fort délicate. Comme tous les ruminants, le nilgaut se nourrit d'herbe et de végétaux.

Le Chevrotain.

Le *chevrotain* est, peut-être, la plus petite des antilopes. Il est moins gros qu'une chèvre et possède toutes les grâces de la gazelle. Sa tête est dépourvue de bois ; en revanche, il porte deux défenses de chaque côté de la mâchoire supérieure, défenses qui se dirigent vers le sol, comme les défenses de morses.

Le chevrotain bondit encore plus légère-

ment que le chamois. Il fait des bonds prodigieux, lorsqu'il est poursuivi. Il marche
sur la neige durcie comme sur le sol ferme,
tandis que les chiens qui le chassent s'y en-

LE CHEVROTAIN.

foncent profondément. Le chevrotain est originaire de l'Asie et se trouve sur les montagnes
du Thibet, où il vit sur les pics les plus élevés
et les plus âpres. Il est solitaire toute l'année,
excepté en automne. A cette époque, ces animaux se réunissent en troupes nombreuses et

émigrent vers des régions plus méridionales.

Le chevrotain porte-musc est le plus célèbre de cette famille.

Le Porte-musc.

Le *porte-musc* peut atteindre la taille d'un jeune chevreuil. Il est remarquable par une poche située auprès de l'ombilic. Cette poche renferme une matière grasse, brune et grenue, d'une odeur caractéristique. Cette matière, recherchée des parfumeurs, est connue dans le commerce sous le nom de *musc*.

Les Chinois, qui font trafic de ce parfum, chassent les chevrotains porte-musc à l'époque de leur migration et en détruisent un grand nombre.

Autrefois, le musc était fort recherché. On lui préfère aujourd'hui des parfums moins violents et surtout moins tenaces.

Le Gnou.

Le *gnou*, dont je vous parlais tout à l'heure, habite les déserts de l'Afrique. Cet animal est à peu près de la taille de l'âne. Il a le corps du cheval, les jambes du cerf et le mufle du bœuf; il porte des cornes recourbées qui, se touchant à leur naissance, forment sur son front un bourrelet des plus durs.

L'impétuosité de cet animal est extrême; lorsqu'il est acculé, il s'élance en présentant son front corné, et la vigueur de son choc est capable de vous assommer du coup.

Les gnous vivent en troupes nombreuses qui comptent plusieurs milliers d'individus.

Le gnou est herbivore et, comme tous les individus de sa race, il fuit la présence de l'homme.

Le Crocodile.

Il n'en est pas de même du *crocodile*. Ce gigantesque saurien, si puissamment armé pour l'attaque et pour la défense, dont le corps est revêtu d'une cuirasse impénétrable et dont la gueule énorme est hérissée de soixante crochets aigus, n'est point timide le moins du monde et désire la visite de l'homme plus qu'il ne la redoute. Lorsqu'on a l'imprudence de se baigner dans son voisinage, ce reptile ne se fait aucun scrupule de vous saisir et de vous croquer. Quand je dis croquer, je m'exprime improprement, car, de même que le serpent, le crocodile avale ses aliments sans les mâcher.

Cet animal n'est vraiment bien redoutable que lorsqu'il peut nager. A terre, il est peu agressif et se traîne paresseusement. Ses pattes

CROCODILE.

sont tellement courtes que son ventre touche le sol. Néanmoins il peut faire des sauts considérables et se soustraire à ses ennemis avec une promptitude qu'on s'étonne de rencontrer dans un si pesant animal.

Certains nègres ont l'audace d'attaquer le crocodile dans son élément. Après s'être entouré le bras gauche d'un cuir durci, le chasseur, armé d'un large coutelas, entre dans l'eau, présente son bras au saurien, qui s'en empare aussitôt. Le nègre alors lui plonge son poignard au-dessous de la mâchoire inférieure.

Ce genre de chasse est extrêmement périlleux, car, pendant la lutte, d'autres crocodiles peuvent survenir et terminer le combat en avalant le chasseur.

On s'empare du crocodile d'une autre manière : on le pêche de même que l'on pêche le goujon, avec cette différence toutefois que

l'appât est un quartier de viande, l'hameçon
une ancre d'acier et la ligne une corde fibreuse
qui se divise sans se rompre sous les dents du
monstre. Lorsqu'il est accroché, les pêcheurs
le tirent hors de l'eau, et le transpercent à
coups de lance.

Les crocodiles, vous le savez, ressemblent
à d'énormes lézards. Certaines espèces mesurent jusqu'à 6 mètres de longueur. Ils in-
festent les fleuves et les marais de l'Afrique,
et abondent au point d'obstruer les petites
rivières. Ils sortent rarement de l'eau et se
laissent flotter à la surface, afin de surprendre
les animaux qui viennent se désaltérer.

L'*alligator* et le *caïman*, qui se trouvent
dans l'Amérique du Sud, ainsi que le *gavial*,
qui habite les fleuves de l'Inde, diffèrent du
crocodile d'Afrique par la forme des mâchoi-
res : leurs mœurs sont exactement semblables.

— Les serpents doivent être bien gros en Afrique? dit l'un des jeunes auditeurs.

— Il y en a de toute taille; mais c'est en Afrique, dans l'Inde et dans l'Amérique équatoriale que se trouve le géant de l'espèce, le fameux serpent boa.

Le Boa.

Le *boa* est le plus grand et le plus fort des serpents. Il y en a qui mesurent dix mètres de longueur et qui dépassent la grosseur d'un homme. Ce gigantesque reptile poursuit les gros quadrupèdes et ne craint pas d'attaquer le lion lui-même. Il n'est fort heureusement pas venimeux, sans quoi il serait invincible et détruirait tous les animaux qui vivent dans son voisinage.

La gueule du boa se dilate de telle sorte qu'il peut avaler des animaux trois fois plus

Serpent boa enlaçant sa proie.

gros que lui-même. Il s'élance sur sa proie avec la rapidité de la flèche, la saisit, l'entoure, l'enlace comme un câble vivant. La victime se débat vainement sous cette étreinte formidable; elle est bien vite à bout de force et paralysée. Le monstre l'achève en la couvrant d'une bave écumante dont l'odeur est pestilentielle.

Maître de sa proie, le boa s'appuie contre un rocher ou contre un arbre, resserre ses anneaux puissants, brise les os de sa victime, pétrit sa chair, la réduit en une espèce de masse informe, la couvre du liquide visqueux et empesté que vomit son estomac, dilate son énorme gueule, avale une partie de sa proie sans la diviser et attend que cette portion soit digérée pour engloutir le reste.

Quand le monstre est repu, il cherche un abri pour se dérober à ses ennemis, car, aus-

sitôt après son repas, il tombe dans une espèce de sommeil léthargique qui dure souvent
plusieurs semaines, et, pendant ce sommeil,
il est incapable de se défendre.

Le boa semble préférer la chair de l'homme
à celle des animaux. La conformation de
l'homme explique cette préférence. Pour
avaler un quadrupède à cornes et à sabots, tel
qu'une antilope, par exemple, le boa est obligé
de se livrer à de grands efforts de trituration,
tandis que l'homme, par sa forme allongée, lui
présente une proie toute préparée.

Les serpents boas vivent ordinairement
seuls, ou du moins en très petite compagnie,
comme tous les grands animaux d'ailleurs.
Leur espèce n'est pas fort répandue, et leur
gloutonnerie devient souvent la cause de leur
mort.

Les boas se reproduisent par des œufs

qu'ils abandonnent à la chaleur du soleil, ainsi que font tous les reptiles. Cependant le serpent *python*, espèce de boa de l'Inde, fait exception à la règle : il couve ses œufs, et, pendant qu'il demeure enroulé sur eux, la température de son corps s'élève quelquefois à plus de quarante degrés de chaleur. Or, vous ne l'ignorez pas, les serpents, en leur qualité de reptiles, sont tous animaux à sang froid, c'est-à-dire qui ne produisent pas assez de chaleur pour avoir une température sensiblement au-dessus de l'atmosphère. Leur corps s'échauffe ou se refroidit en même temps que le milieu dans lequel ils vivent.

On compte plus de deux cents espèces de serpents, dont quarante environ sont venimeux. Les serpents venimeux diffèrent de ceux qui ne le sont pas en ce qu'ils portent de chaque côté de la mâchoire supérieure deux

crochets aigus et creux, et quelquefois mo-
biles, qui aboutissent à deux glandes placées
de chaque côté de la tête de l'animal. Ces
glandes sont les réservoirs qui contiennent le
liquide funeste appelé venin.

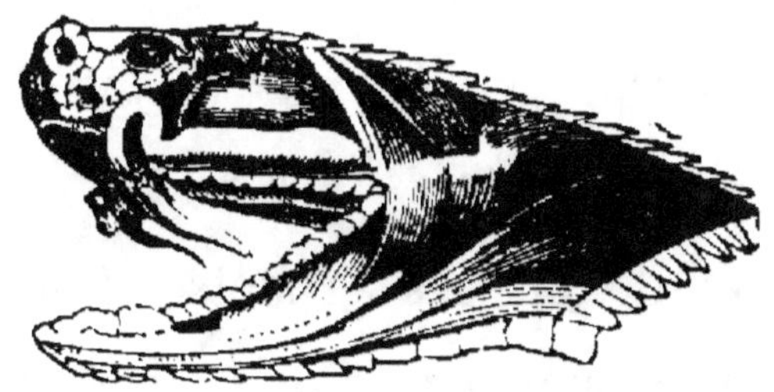

DENTS ET APPAREIL VENIMEUX DU CROTALE.

— Est-ce que les serpents venimeux attaquent les hommes ?

— Ils ne les attaquent pas pour les dévorer ;
cette proie serait trop volumineuse pour eux ;
mais ils peuvent très bien les mordre.

Les plus redoutables de l'espèce sont :

Le *serpent à sonnettes*, qui habite l'Amérique du Nord ;

Le *boiquira*, qui se trouve au Mexique et dans l'Amérique du Sud jusqu'au Brésil;

Le *fer de lance*, ou vipère jaune de la Martinique;

La *vipère cornue*, qui habite le nord de l'Afrique;

Le *trigonocéphale*, qui vit au Japon et dans plusieurs contrées de l'Asie.

Le venin de tous ces serpents donne la mort en quelques heures aux plus gros animaux.

SONNETTE DU CROTALE.

— Pourquoi dit-on serpent à sonnettes ? Est-ce que ce serpent a des sonnettes au cou?

— Le *crotale*, ou serpent à sonnettes, a été nommé ainsi parce que l'extrémité de sa queue est garnie de pièces écailleuses emboîtées lâchement les unes dans les autres. Ces pièces sont soudées ensemble, mais ne se touchent pas. Lorsque l'animal est en mouvement, ces pièces se heurtent et produisent un bruit particulier qui rappelle le froissement d'un morceau de parchemin.

L'Autruche.

Dois-je vous parler de la chasse à l'*autruche*, ce plaisir favori des Arabes? Ce n'est plus un combat : c'est une lutte de vitesse, une espèce de course au clocher vertigineuse. Les chasseurs, montés sur leurs chevaux aux jarrets d'acier, poursuivent les autruches à travers les sables du désert, et cette course folle dure souvent plusieurs jours. Lorsque, vaincu par la fatigue, le gros oiseau se voit sur le point d'être atteint, il se couche, cache sa tête dans le sable et attend la mort.

L'autruche n'a que des rudiments d'ailes et ne peut s'élever dans les airs. Elle n'est cependant pas dépourvue de tout moyen de

défense : d'un coup de bec, elle peut mutiler le bras d'un homme, et d'un coup de patte éventrer un chien ; avec ses tronçons d'ailes, elle laboure profondément les chairs. L'autruche fait rarement usage de ses armes, puisqu'on la réduit par la fatigue.

L'autruche est le plus grand, le plus gros et le plus fort des oiseaux. Grâce au développement de son cou et à la hauteur de ses jambes, elle dépasse quelquefois trois mètres de haut. Les autruches n'habitent que les déserts brûlants de l'Asie et de l'Afrique; elles vivent par troupes de quarante à cinquante.

Ces oiseaux s'apprivoisent aisément, mais il est difficile d'utiliser leur force et leur agilité à cause de leur caractère insoumis.

Le Zèbre.

En Afrique, on chasse également le *zèbre*, joli quadrupède qui tient le milieu entre l'âne et le cheval. Sa robe grise ornée de bandes noires rappelle le pelage du tigre. Le zèbre a les mœurs et les habitudes du cheval, mais non le caractère : ce dernier subit la domination de l'homme, tandis que l'autre la repousse. Réduit à la captivité, le zèbre conserve son humeur farouche et se révolte chaque fois qu'on veut le contraindre.

La chair du zèbre est fort appréciée du lion, qui en fait son régal de prédilection. Les Cafres partagent le goût du lion et chassent le zèbre pour s'en nourrir.

— Est-ce que le cheval est d'origine africaine?

— Non. Le cheval est originaire d'Asie, mais il s'est acclimaté dans tous les pays tempérés. Les chevaux qui vivent en Amérique ont été importés par les Espagnols. Ils y sont devenus si nombreux qu'on les rencontre quelquefois par troupes de dix mille individus. Au Mexique, lorsqu'on s'empare de ces animaux redevenus sauvages, on est obligé de

MEXICAIN DOMPTANT UN CHEVAL.

leur donner la chasse. Plusieurs cavaliers les poursuivent et leur lancent en courant une longue lanière de cuir, appelée *lasso*. Cette lanière, ainsi lancée, s'enroule autour des jambes du cheval et le fait tomber. Pendant qu'il est à terre, on le selle, on le bride; après quoi, on le délivre de ses liens; mais, quand il se relève, il a un cavalier sur le dos, et c'est en vain qu'il cherche à le renverser. Le cavalier lui fait sentir le mors et finit toujours par le ramener vaincu parmi les chevaux domestiques.

Nulle part au monde n'existent de cavaliers comparables aux Mexicains; ils savent dompter les chevaux les plus rebelles et leur faire accomplir des exercices qui paraissent incompatibles à leur nature.

Le genre cheval comprend les animaux dont le pied n'a qu'un seul doigt et un seul ongle, appelé sabot, c'est pourquoi on leur donne le nom de *solipèdes*.

Les principaux individus appartenant à cette race, sont :

L'*âne*, originaire de l'Asie. Les ânes sauvages, appelés *onagres*, sont plus vifs, plus légers, plus hauts que les ânes domestiques et ils ont les oreilles moins longues.

L'*hémione* tient le milieu entre le cheval et l'âne. Sa robe est de couleur isabelle, c'est-à-dire gris jaunâtre. L'espèce la plus remarquable habite l'Inde où l'on est parvenu à la réduire à la domesticité.

Le *couagga* se trouve en troupes nombreuses dans le midi de l'Afrique, particulièrement dans le voisinage du Cap ; c'est peut-être l'espèce du genre qui ressemble le plus au cheval. La tête, le cou, les épaules du couagga sont zébrés de bandes brunes ;

le reste du corps est de couleur isabelle.

Le *dauw* habite les mêmes parages, il se distingue du précédent par une raie noire bordée de blanc qui s'étend le long du dos ; on confond souvent ces deux espèces de solipèdes.

Les Cafres chassent les dauws, les couaggas et les zèbres avec une égale ardeur.

Le Rhinocéros.

Ne quittons pas l'Afrique sans parler du rhinocéros et de l'hippopotame.

Le *rhinocéros* est le plus puissant quadrupède après l'éléphant. Il en approche par le volume du corps, mais il en diffère beaucoup par l'intelligence. Il n'est supérieur aux autres animaux que par la force brutale, la taille et l'arme offensive qu'il porte sur le nez et qui n'appartient qu'à lui. Cette arme est une corne très dure, solide dans toute sa longueur et placée plus avantageusement que celle des autres animaux. Cette corne a quelquefois cinquante centimètres de longueur; elle est disposée de telle sorte qu'elle peut faire des blessures très profondes ; aussi le tigre, le lion et autres grands carnassiers attaquent-ils rarement cet animal, qui peut les éventrer d'un seul coup de son arme redoutable. Le corps et les membres du rhinocéros sont défendus par une peau noirâtre, si dure en certains endroits qu'une lame de sabre ne peut l'entamer.

Le rhinocéros est d'un naturel farouche. Quand on l'atttaque, il devient dangereux et cruel. Malgré son corps massif, il court avec rapidité. Grâce à son volume, à sa force, à sa peau dure et à sa corne, il renverse tous les obstacles qu'il rencontre sur son chemin.

Cet animal habite l'Inde et l'intérieur de l'Afrique. Sa nourriture consiste en chardons, en herbages grossiers, en racines. Il est très sauvage et non sanguinaire ; il n'attaque l'homme que pour se défendre, et lorsqu'il est provoqué.

La chasse du rhinocéros n'est pas aussi dangereuse que l'on pourrait le supposer, parce que cet animal a les yeux placés de telle façon qu'il ne peut voir que devant lui. Jamais il n'échappe au chasseur quand il se trouve dans une vaste plaine et qu'un cheval peut le devancer.

Lorsque le rhinocéros est attaqué, il s'arrête un instant, puis, prenant son élan, il se précipite droit sur son ennemi, comme le sanglier. Le cavalier l'évite en faisant faire à son cheval un saut de côté. Tandis que le rhinocéros se retourne pour charger le cavalier une seconde fois, celui-ci frappe l'animal au-dessus du talon et le met hors de combat.

Quoique le rhinocéros n'ait point à redouter un grand nombre d'ennemis, sa race n'abonde ni dans l'Inde ni dans l'intérieur de l'Afrique.

Certaines espèces de rhinocéros portent deux cornes sur le chanfrein. L'une de ces cornes, beaucoup plus petite que l'autre, est placée un peu en arrière de la grande et sur la même ligne. La corne, la peau, les os, la chair même de cet animal, sont recherchés par les Indiens et les Africains.

L'Hippopotame.

Cet animal est presque aussi gros que le rhinocéros, mais beaucoup plus court de jambes. Son ventre touche presque la terre. C'est le plus monstrueux et le plus informe des quadrupèdes. Sa tête énorme et carrée, son mufle renflé, deux fois plus large que le crâne ; ses petits yeux protubérants, ses oreilles courtes et droites comme des cornets, et surtout l'effrayante dimension de sa gueule, fendue jusqu'aux oreilles, en font un animal d'un aspect vraiment affreux.

A voir cette lourde masse graisseuse, on dirait que l'hippopotame ne peut que se traîner : il n'en est rien pourtant. Sans avoir une course très rapide, ce quadrupède peut se dérober assez vite à ses ennemis. Sur la terre, il est assez timide et paraît inquiet. A la moindre alarme, il se jette à l'eau, descend jusqu'au fond et marche dans le lit de la rivière avec beaucoup de facilité. Comme il a besoin de respirer l'air atmosphérique, il ne demeure jamais très longtemps sous l'eau ; il revient à la surface, met son large mufle

L'HIPPOPOTAME SE PREND AU PIÈGE.

dehors et, lorsqu'il a fait sa provision d'air, se laisse de nouveau couler à fond.

L'eau est son élément de prédilection ; il y passe la moitié de sa vie.

Cet animal n'est point agressif. Sa nourriture consiste en plantes aquatiques et en herbages qu'il va chercher loin de la rivière aussitôt qu'il fait nuit. Quand il est dans le voisinage d'une plantation , il y cause de grands dégâts, autant par son appétit formidable que par la pesanteur de son corps.

Les Cafres s'emparent quelquefois de ces quadrupèdes en les faisant tomber dans des fosses. Mais leur marche, quand ils ne sont pas inquiétés, est toujours si lente, ils prennent tant de précautions avant de poser le pied, qu'ils évitent aisément les pièges.

La meilleure manière de chasser l'hippopotame consiste à l'épier le soir, alors qu'il va à la maraude, et de lui couper le jarret, comme on fait à l'éléphant et au rhinocéros. Lorsqu'il est dans l'eau et blessé, l'hippopotame devient dangereux : il soulève le canot qui porte les chasseurs, le renverse, le brise avec ses dents. Il frappe et assomme ses ennemis avec ses pieds de devant et les écrase du poids de son corps. Quand il n'est point tourmenté, il se montre pacifique, évite le danger et n'accepte la lutte que lorsque la fuite est impossible.

La chair de l'hippopotame est très appréciée des Hottentots. Ils la mangent bouillie ou rôtie. La langue est le morceau le plus délicat de la bête, et on la sert au Cap comme un mets recherché. Les parties grasses et presque gélatineuses qui tapissent les parois de son ventre offrent également un excellent manger, dit-on.

La peau de l'hippopotame, qui est très épaisse, est préférée à celle du rhinocéros et de l'éléphant, à cause de sa flexibilité. Ses dents, extrêmement larges, sont d'un ivoire supérieur à celui des défenses de morses et d'éléphants.

L'hippopotame pourrait s'apprivoiser; mais, comme il n'est d'aucune utilité domestique et qu'il coûterait trop cher à nourrir, on ne cherche pas à l'élever.

Autrefois, ces animaux abondaient dans les marais et les rivières du Cap. Ils ont été tellement poursuivis, qu'ils se sont retirés dans l'intérieur du pays, le plus loin possible de l'homme, leur ennemi le plus acharné.

Pendant que nous sommes en Afrique, dans les parages de l'Abyssinie, allons rendre visite au roi des pachydermes, au plus gros, au plus fort, au plus intelligent des quadrupèdes; allons chercher l'éléphant.

HIPPOPOTAME RENVERSANT UNE CHALOUPE.

L'Éléphant.

Je n'ai pas besoin de vous décrire cet animal. Tous vous le connaissez au moins par les gravures. C'est le plus gigantesque des animaux terrestres, mais ce n'est pas le plus gracieux. Son corps massif, sa tête dans les épaules, ses oreilles plaquées, ses jambes pareilles à des piliers, sa petite queue si grêle, sa peau nue, à la fois rugueuse, épaisse et flasque, ne le rendent pas très attrayant. La partie la plus originale et la plus intéressante de l'individu, c'est le nez, nez sans pareil, nez unique, auquel on a donné le nom de trompe, et qui lui sert à la fois d'arme défensive, de main, de pompe aspirante et de chasse-mouche.

La trompe de l'éléphant est en même temps un membre flexible et un organe de sentiment. L'animal peut non seulement la remuer et la fléchir, il peut encore l'allonger, la raccourcir, la courber et la tourner en tous sens. L'extrémité de cette trompe est terminée par un rebord qui s'allonge par-dessus en forme de doigt. C'est au moyen de cette languette charnue que l'éléphant ramasse à terre les plus petits objets, et qu'il fait ce que nous faisons avec les mains : il cueille des fleurs, dénoue un cordon, débouche une bouteille, ferme les portes en tournant les clefs et en tirant les verrous, etc. La trompe de l'éléphant, je vous le répète, n'a rien de comparable dans la nature, c'est un organe que lui seul possède.

L'éléphant se nourrit de plantes, de racines, d'herbes et de jeunes pousses d'arbre, lorsqu'il est à l'état sauvage. A l'état domestique, il mange du foin, de la paille, de l'avoine, du pain, des légumes, etc. Il ne mange pas, comme la majorité des animaux, en prenant directement la nourriture avec les lèvres et la langue; il fait comme l'homme, le singe et la plupart des rongeurs : il porte les aliments à sa bouche et se sert de sa trompe comme de main. Il aspire l'eau avec sa trompe, qui est creuse et qui, en cette occasion, lui tient lieu de verre à boire. Quand sa trompe est remplie, il vide le contenu dans son gosier.

On ne connaît pas au juste la longévité de l'éléphant. On prétend qu'il n'est pas rare de rencontrer dans l'Inde des éléphants âgés de cent trente et même cent cinquante ans. Il est probable qu'en liberté il fournit une carrière plus longue encore.

Vous savez que l'éléphant, une fois dompté, devient la plus douce et la plus patiente des bêtes de somme. Il s'attache à celui qui le

LES ÉLÉPHANTS DOMESTIQUES.

soigne, le caresse, le prévient et semble deviner ses désirs. En peu de temps, il parvient à comprendre les signes et même à discerner l'expression des paroles. Il ne se trompe pas en entendant son maître; il reçoit ses ordres avec attention, les exécute avec prudence et empressement, mais sans précipitation, car ses mouvements sont toujours mesurés. On lui apprend aisément à fléchir le genou pour la facilité de ceux qui le veulent monter.

Il se sert de sa trompe pour enlever les fardeaux et les transporter d'un lieu à un autre. On l'attache par des traits à des chariots, des navires, des cabestans, etc. Il tire sans se rebuter, pourvu qu'on ne l'insulte pas, qu'on ne le brutalise pas et qu'on ait l'air de lui tenir compte de sa bonne volonté. Son cornac, monté sur son cou, se sert d'une verge de fer et le touche à côté de l'oreille quand il veut le presser ou lui faire changer de direction ; presque toujours la parole suffit.

Depuis la plus haute antiquité, les éléphants ont été réduits à l'état domestique, et l'histoire fourmille de traits qui font honneur à l'intelligence et aux sentiments de ces animaux. L'histoire raconte aussi qu'ils sont vindicatifs et qu'ils punissent ceux qui les maltraitent injustement. Beaucoup de méchants cornacs ont été écrasés par leurs éléphants.

Si les chevaux et surtout les ânes avaient le pouvoir de se venger comme l'éléphant, les brutes de conducteurs qui les chargent outre mesure et qui les frappent sans raison y regarderaient à deux fois avant de les maltraiter. Les éléphants n'ont que faire de la loi protectrice des animaux. Ils savent parfaitement se protéger eux-mêmes ; aussi leurs cornacs les conduisent-ils avec une extrême douceur.

Il y a deux races d'éléphants, celle de l'Inde et celle d'Afrique. Elles ont les mêmes habitudes et vivent en troupe ou plutôt en société dans les forêts solitaires.

En Afrique on élève peu d'éléphants domestiques; on les chasse pour s'emparer de leurs dépouilles qui sont précieuses.

Cette chasse se fait soit en organisant des battues et en traquant la troupe entière, soit en attaquant l'animal isolé. Dans ce dernier cas, on ne fait pas usage d'armes à feu.

Les hommes qui s'occupent de ce genre de chasse, vivent dans les bois et connaissent parfaitement les mœurs et les habitudes du gros gibier qu'ils convoitent.

Voici comment ils procèdent :

Deux hommes entièrement nus et montés sur un seul cheval s'approchent de l'éléphant, font caracoler leur monture devant lui et le

UNE CHASSE A L'ÉLÉPHANT.

provoquent par des cris et des gestes mena-
çants. Le pachyderme surveille avec attention
les évolutions du cheval sans trop s'émouvoir.
Les chasseurs continuent leur manœuvre, et,
lorsqu'ils s'aperçoivent que l'éléphant commence à s'irriter, ils s'arrêtent et font mine
de l'attaquer de front; le gros animal se prépare à la défense et lève sa trompe formidable; c'est alors que le chasseur en croupe se
laisse glisser à terre, s'approche de l'éléphant,
le frappe avec son sabre au-dessus du talon
et regagne rapidement sa première position
sur le cheval; s'il manque ce mouvement,
le malheureux est perdu : l'éléphant le saisit
avec sa trompe et l'écrase sous ses pieds.

Le trafic de l'ivoire se fait sur presque
toutes les côtes équatoriales de l'est et de
l'ouest de l'Afrique; c'est le principal commerce des tribus indigènes.

L'ivoire mort, c'est-à-dire l'ivoire qu'on trouve dans les cimetières d'éléphants, — ces animaux vont presque toujours mourir dans un même lieu, — a beaucoup moins de valeur que l'ivoire provenant de bêtes abattues.

Dans l'Inde on chasse aussi l'éléphant pour s'emparer de ses défenses, mais on le chasse principalement pour le réduire à l'état domestique.

Vous comprenez que, dans cette occurrence, on change de méthode.

Cette chasse est une grosse entreprise qui exige de la prudence et de la ruse; elle se fait avec le concours d'éléphants privés.

Voici de quelle manière on s'y prend :

Tout d'abord, on établit, au moyen de pieux énormes, que l'on enfonce profondément dans le sol, plusieurs enceintes communiquant entre elles. Les dernières sont d'une

solidité à toute épreuve. Les pieux sont re-
liés par des branches très fortes et soutenus
par des arcs-boutants. Autour de chaque enceinte, on creuse des fossés larges et profonds.
Ces préparatifs achevés, il ne reste plus qu'à
faire entrer les éléphants sauvages dans ces
enceintes. A cet effet, on dirige des éléphants
domestiques vers leurs frères des forêts. Quelquefois ces derniers chassent les étrangers;
mais, le plus souvent, ils les accueillent bien.
Au bout de quelques heures, les éléphants
privés quittent la place et se dirigent vers la
première enceinte, qui est très vaste. Les éléphants sauvages suivent les nouveaux arri-
vants. Dès que le troupeau est entré, les éléphants privés sortent de l'enceinte sans faire
semblant de rien. Aussitôt qu'ils sont dehors,
les chasseurs bouchent les issues et, par leurs
cris et les feux qu'ils allument, forcent les

captifs à pénétrer successivement jusqu'a la dernière enceinte qui est la plus solide.

Les éléphants, se voyant pris au piège, poussent des hurlements affreux, et se précipitent du côté des fossés pour en briser les palissades. Quand ils s'aperçoivent que leurs efforts sont inutiles, ils se calment, deviennent rêveurs et paraissent méditer un nouveau moyen d'évasion. On laisse les prisonniers jeûner pendant plusieurs jours dans cette forteresse. Après quoi, on ouvre la porte, et l'on détermine un éléphant à sortir en lui jetant de la nourriture. Aussitôt que l'animal a dépassé la porte, il est garrotté et conduit de force à destination par des femelles privées, assistées de chasseurs.

Chaque éléphant amené ainsi à l'écurie est mis sous la surveillance d'un homme, qui est chargé de le soigner et de l'instruire. Au bout de quelques semaines, l'animal commence à reconnaître son gardien et à lui obéir. Peu à peu, la bête sauvage devient confiante et familière. Le cornac alors n'a plus qu'à lui apprendre les divers services qu'on exige d'elle et à la conduire d'un lieu à un autre.

Avant de quitter l'Afrique, disons un mot d'un singulier quadrupède qui à lui seul forme un genre qui n'a point de variété : disons un mot de la girafe.

La Girafe.

La *girafe* est le plus haut des mammifères, grâce à la longueur démesurée de son cou. Elle dépasse quelquefois 6 mètres d'élévation de la tête au pied de devant et mesure à peine 1 m. 50 de la queue au sabot. Cette étrange conformation fait croire que ses jambes de derrière sont plus courtes que les autres : c'est une erreur. Les quatre membres de la girafe sont d'égale dimension, et c'est la hauteur du garrot qui produit cette illusion.

La girafe est un animal inoffensif qui n'a d'autre moyen de défense que l'agilité de sa course. On la chasse pour sa peau, qui ressemble à celle du léopard. La girafe n'a pas l'allure des autres animaux : elle marche l'amble, c'est-à-dire qu'elle porte ensemble et en avant les jambes du même côté, au lieu de les avancer alternativement. On apprend aux chevaux à marcher de la sorte, mais cette allure n'est naturelle qu'à l'ours et à la girafe.

Cet animal habite les déserts de l'Afrique, principalement ceux d'Ethiopie. Il est très facile de l'apprivoiser. Comme il n'est d'aucune utilité domestique, on ne cherche pas à le capturer. On ne lui fait même pas une guerre trop acharnée, sa chair étant dure et coriace. Néanmoins l'espèce n'est pas très répandue : ses nombreux ennemis, les carnassiers, l'empêchent de se multiplier autant que d'autres animaux.

De l'Afrique, sautons d'une enjambée dans l'Amérique septentrionale, et, nous revêtant de peaux de loups, nous irons attaquer les bisons, qui vivent en troupeaux dans ces parages.

Le Bison.

Le *bison* appartient à la famille des bœufs. Sa tête est armée de cornes courtes et solides ; il porte sur ses épaules une protubérance considérable qui lui place la tête au milieu du corps. Une crinière épaisse flotte sur cette bosse, ainsi que sur la tête, et lui descend sous le menton.

Le bison est d'un naturel irascible, brutal, et sa vigueur est prodigieuse : d'un coup de tête, il peut aisément renverser un cheval ; ce qui ne l'empêche pas d'être attaqué par des cavaliers qui convoitent ses dépouilles.

Sa chasse constitue une véritable expédition. C'est par centaines que les Américains se réunissent pour le capturer, non à cause des dangers à courir, — un habile cavalier sait éviter la charge impétueuse du bison, — mais bien à cause de l'éloignement des contrées qu'il habite. Les chasseurs isolés et à pied emploient la ruse pour s'en approcher : ils s'affublent d'une peau de loup et s'avancent à quatre pattes. Les bisons, dès qu'ils aperçoivent un loup, ont l'habitude de s'arrêter et de former le cercle en présentant la tête à l'ennemi. Cette tactique, qui est commune à plusieurs animaux cornus, devient en

6.

ce cas fatale aux bisons, car, avant de reconnaître la supercherie, beaucoup d'entre eux succombent sous le plomb des chasseurs.

Les bisons vivent en troupes considérables dans les plaines du Canada. Lorsque la nourriture leur manque dans une contrée, ils émigrent dans une autre. Leur passage est guetté par les chasseurs qui tirent dans la masse et en abattent un grand nombre, car les bisons voyagent en colonnes serrées et galopent avec une fougue irrésistible, sans se débander ni se détourner de leur chemin.

Jusqu'à présent il a été impossible de réduire cet animal à l'état domestique; il se montre rebelle à toute éducation, et les Américains à leur grand regret ne peuvent l'utiliser comme auxiliaire dans les travaux agricoles.

Si, dans notre excursion à travers l'Amérique du Nord, nous avons le malheur de rencontrer un ours gris à jeun, nous pouvons recommander notre âme à Dieu : c'est fait de nous.

Les Ours.

Les *ours* se divisent en quatre groupes, qu'on désigne par la couleur de leur fourrure : l'*ours noir*, l'*ours brun*, l'*ours gris* et l'*ours blanc*.

Les *ours noirs* habitent le Kamtschatka, se nourrissent de poissons et vivent en troupe. Ils sont si peu dangereux que les femmes ne craignent pas d'aller récolter des racines ou de la tourbe au milieu de leur société.

L'*ours brun* d'Europe se trouve dans les Alpes, les Pyrénées et les montagnes de Russie. Beaucoup moins pacifique que ses congénères de couleur noire, l'ours brun, lorsqu'il est pressé par la faim, attaque les animaux, y compris l'homme, qui, pour se défendre, attend de pied ferme son farouche adversaire. Quand l'ours se dresse pour le saisir et l'étouffer dans ses bras, le chasseur lui plonge son coutelas au défaut de l'épaule ; s'il manque son coup, c'est un homme mort : un ours blessé ne fait jamais quartier.

Quand les montagnards connaissent la retraite d'un ours brun, ils s'embusquent sur les hauteurs, et, se dérobant à sa vue, lui jettent des pierres. L'ours alors quitte sa tanière et se prépare à repousser l'ennemi qu'il croit venir du bas de la montagne. Dans ses évolutions, il finit par présenter son flanc gauche aux chasseurs et tombe frappé au cœur par la balle d'une carabine.

L'*ours gris* est infiniment dangereux. Avec lui, il n'y a guère de moyen de défense, à moins de le tuer raide d'un coup de feu. C'est le

LA CHASSE A L'OURS BRUN.

plus formidable de l'espèce : il mesure parfois 2 m. 25 de hauteur. Malgré sa lourde masse, il court aussi vite qu'un cheval. Sa force est telle qu'il peut étouffer un bison dans ses bras.

L'ours gris jette la terreur parmi les habitants du Canada. Indépendamment de sa force extraordinaire, il est doué d'un courage à toute épreuve. C'est bien certainement le plus intrépide des animaux. On peut effrayer le tigre et le lion à l'aide du feu ou par le bruit d'instruments aigus, mais ces moyens n'ont pas d'action sur l'ours gris : il ne s'émeut de rien, ne recule devant aucun péril et ne prend jamais la fuite en présence de n'importe quel ennemi : il marche en avant avec un calme imperturbable et ne s'arrête qu'après avoir abattu sa victime.

Les *ours blancs* [1] habitent les mers gla-

1. Voir le volume de la collection : *Les trois petits mousses.*

ciales, se nourrissent de poissons et vivent en troupe, comme les ours noirs ; seulement ils en diffèrent par leur férocité et leur témérité stupide.

Les ours blancs possèdent le courage des ours gris, mais non l'intelligence ; ils ne se détourneraient pas d'une semelle pour éviter un boulet de canon et tombent sans cesse dans les mêmes pièges.

Les marins ne s'écartent guère de leurs embarcations, lorsqu'ils chassent ces dangereux animaux.

Les ours blancs sont unis par les liens de la plus étroite solidarité. Quand l'un d'eux est attaqué, la troupe entière accourt pour le défendre ou le venger.

Les femelles montrent un très vif attachement à leurs petits et leur prodiguent les soins les plus touchants. Lorsque l'un d'eux succombe, la mère pousse des hurlements lamentables, retourne le corps avec ses pattes, le dresse et semble vouloir le rappeler à la vie. Les mâles témoignent la même affection à leurs femelles et se font tuer sur place plutôt que de les abandonner au moment du péril. N'est-ce point singulier de voir autant de brutalité unie à une si vive tendresse?

Je vous parlerais bien encore de la manière dont on capture les lamas qui habitent les Cordillères des Andes; mais je suis fatigué, mes bons amis, et, si vous le voulez bien, nous remettrons à demain la suite de cette causerie.

FIN

Coulommiers. — Typ. P BRODARD et GALLOIS.